Shorts II – Små historier om 2068

Shorts II - Små historier om 2068

Shorts II – Små historier om 2068

Til

   Christian

   Philip

   Jakob

   Carl

Stig Voldbjerg Sørensen

Shorts II – Små historier om 2068

Copyrigth 2018 Stig Voldbjerg Sørensen

Forlag BoD – Books on Demand, København, Danmark

Tryk   BoD – Books on Demand, Norderstedet, Tyskland

ISBN 9788743003656

Shorts ll – Små historier om 2068

Indholdsfortegnelse

9. Forord

10, Shorts 2068

12. Kloden

13. Økosystemer

16. Storpolitik 2068

19. FNs klima og Miljøråd

22. Afrika 2068

24. Grønland

26. Klima og miljø Engineering

27. Skyggeskyer

29. Plastforurening

31. Seafarming

33. Seafarming ll

34. Spildevand. Grøn ørken

36. Arktis, Antarktis, Gletsjere

37. Danmarks 2068

37. Danmarks folkestyre

40. Valg 2068

42. Beskatningssystemer

44. `Væksthus for Børn´

47. Management

49. Heterosis

51. Turisme

52. Dating

54. Kunst 2068

56. Fagforeninger

58. Økobebyggelser

61. Landsbyer

62. Religion 68

62. Religion I

64. Den nye religion

65. Teorien om alt

Shorts II – Små historier om 2068

66. Hvis ikke........´

68. 1%

--

69. Tre tilfældige historier fra bogen: ˋShorts – Små historier om næsten alt´

69. Våbenudvikling

71. Brokkesegmentet

74. Fornyerne

Det er blevet mørkt og man har kun fået tændt kørelyset. Man ser ikke så langt frem, og man kan lige nå at navigere.

Så tænder man det korte lys, nu bliver det hele lidt mere tydeligt. Der viser sig noget, man må tage hensyn til, lidt længere fremme.

Det lange lys tændes, og nu ser man at vejen slutter og man må klare kæmpeforhindringer langt fremme.

Forord

Shorts er ikke bare et stykke tekstil, men er korte historier, der peger på pudsigheder, nye ideer eller historier uden at komme med forklaringer eller dyb baggrundsviden. Andre shorts kan være, hvad der i en ret kendt bog kaldes lignelser uden sammenligning med denne i øvrigt.

Shorts kan undre, provokere, irritere, og i nogle tilfælde er det måske kun unyttig baggrundsviden.

Min første bog med `Shorts – Små historier om næsten alt´ kom emnemæssigt vidt omkring. Denne gang koncentrerer jeg mig om små historier med bud på, hvordan verden ser ud om halvtreds år, og lidt om hvordan vi tænker og har indrettet os til den tid.

Jeg påstår ikke at Shorts – 2068 er den totale og fulde sandhed. Den viser hvad, der meget vel kan blive virkelighed. Nogle gange til den lidt pessimistiske side andre gange mere optimistisk. Jeg håber at vise, at passivitet over for miljø og klimaudfordringer, ikke er en god mulighed.

Shorts 2068

Vi skriver 2068. Hvordan ser verden nu ud? Man kan fremskrive, man kan gætte, eller man kan slet og ret ønsketænke. Store ånder har med mellemrum gjort det samme uden at ramme helt præcist.

Jeg skriver om de næste 50 år, der er en rimelig overskuelig periode. Jeg husker uden større problemer 50 tilbage i tiden, og kan med en vis fortrøstning konstatere, at jeg om 50 år vil være 137 år, og nok ikke vil blive konfronteret med at have taget grueligt fejl. Vores børn og børnebørn vil med en vis sandsynlighed opleve det, og det er min egentlige grund til at beskæftige mig med emnet.

Sad jeg i 1968 og skulle skrive om livet 2018 ville jeg næppe have gættet, at Sovjetunionen brød sammen, at Islam ville blive et problem, at verden ville blive digitaliseret, internettet udbredt eller at miljø og klima ville blive et stort problem.

Mine små shorts beskriver uden for mange detaljer, hvordan vi søger at tackle den globale opvarmning, og hvordan vi i de næste 50 år vil udvikle samfundet, og klare de små og store problemer.

11
Shorts II – Små historier om 2068

Jeg vil mindre beskæftige mig med den almindelige tekniske udvikling, der beskrives ved at ekstrapolere en udvikling, vi kender.

Kloden 2068

Jordkloden er interessant, først og fremmest fordi det er her, vi opholder os. Den drøner som et rumskib gennem det uendelige univers med 100.000 km i timen. Den har en omkreds på ca. 40.000 km og en passende tyngdekraft til at holde på en atmosfære. Med runde tal er der vel 3 milliarder kubikkilometer atmosfære, der er beboelig.

Hvad vi ikke tænker så meget over er, at når vi ser bort fra bjørnedyr og visse mikroorganismer, stopper mulighederne for liv i 8 -10 km højde. Uden for denne forholdsvis beskedne hinde er kun det uendelige tomme rum med temperaturer tæt på det absolutte nulpunkt, med dødelig stråling og i det hele taget meget ugæstfri. For at gøre det lidt mere spændende består selve kloden af en masse af glødende lava og jern med en tynd størknet skal af nogenlunde samme tykkelse som den beboelige atmosfære, og det er så her, vi bevæger os rundt.

Vi bør se på vores klode som et lukket økosystem, der kræver at være i en form for balance for at være beboelig for mennesker. Bare rolig, den dag hvor vi har ødelagt økosystemet for mennesker, vil der stadig i lang tid være liv på jorden. Bjørnedyrene og særligt hårdføre bakterier vil klare sig fint, når balancen er tippet.

Økosystemer

Tænketanke, universiteter og meget kloge mennesker arbejder på modeller for at forudsige, hvordan vores fælles økosystem har det. Der regnes og diskuteres, og man er ikke enige. De fleste er optaget af at finde de bedste regnemodeller, andre – det er heldigvis ikke så mange – er mere interesserede i at finde modeller, der giver et ønsket resultat.

Regneopgaven er indviklet. Hvor meget indstråling er der, hvor meget udstråling, og hvordan afhænger det hele af, hvad vi gør ved vores klode.

Opgiver man at bruge regnemodeller, kan man ganske enkelt se på modeller af simple økosystemer, og her er der et tydeligt billede. Ethvert økosystem med en dominerende art, der er uden fjender, vil uden regulering gå under.

Det simpleste økosystem er en petriskål med en næringsvædske og 1 bakterieart.

Først er der rigtig gode betingelser og meget glade bakterier. Bakterien vil dele sig og blive til to bakterier, og de to vil blive til fire bakterier og så otte bakterier. Sådan fortsætter det med fem til otte delinger om dagen. Der bliver nu flere og flere bakterier. Det går rigtigt stærkt, og pludselig er petriskålen fyldt med bakterier. Nu er der pladsmangel, næringsvæsken slipper op. Miljøet forurenes, og der dør lige så mange bakterier, som der dannes. Efter kort tid stiger forureningen, og til sidst er alle bakterier døde.

Et andet lille eksempel på et økosystem.

Vi har et vandhul ude på en mark. Danmarks Naturfredningsforening har været opmærksom på vandhullet og fredet den. Der er små fisk, vandinsekter, padder og fugle i og omkring vandhullet. I vandet er der andemad og vandplanter. Alt er idyl og næsten i balance.

I et hjørne af vandhullet er der nogle sivplanter. Sivplanterne har det rigtigt godt. De har ingen naturlige fjender, og de begynder at brede sig. De breder sig mere og mere, og til sidst er vandhullet fyldt med siv. De små fisk, vandinsekterne, padderne og fuglene forsvinder, og til sidst har sivene det også rigtigt dårligt og forsvinder. De erstattes af mosser og andre vækster, og der dannes en lavmose.

Havde sivene tænkt sig om og været lidt klogere, og havde de kunnet blive enige, ville de have givet sig selv nogle begrænsninger og nøjes med at udfylde en tiendedel af vandhullet.

Shorts II – Små historier om 2068

Akvarieejere har en rigtig god ide om, at økosystemer kræver pleje, hvis der skal være balance. En lille grønalge, der har det fint i et lille antal, vil hvis den får lov at brede sig kvæle alt liv i akvariet for derefter selv at gå til grunde og erstattes af nye mikroorganismer som slimsvampe og bakterier.

-

Går man forskellige økosystemer igennem, er det tydeligt, at hvis der i et økosystem findes en dominerende organisme ude af kontrol, vil økosystemet bryde sammen, den dominerende organisme ødelægge sig selv og forsvinde, og økosystemet erstattes af et andet.

Man kan fundere over, hvad der vil ske med klodens økosystem, hvis en dominerende art ikke kan kontrollere sig.

Storpolitik 2068

Verden ændres. Gamle værdier som menneskerettigheder forsvinder.

Temperaturen stiger, og områder bliver ubeboelige. Vandet stiger og kyster bliver oversvømmet. Byer synker, Jakarta, hovedstad i Indonesien med 10 millioner indbyggere, synker flere centimeter hvert år, og byen er på vej til at blive permanent oversvømmet.

Menneskemasser er på vandring, og ingen vil have dem. Tidligere tiders solidaritet er forsvundet. Forsvar er ikke længere at erobre nye landområder, men undgå at blive overrendt af mennesker på flugt fra tørke, varme eller oversvømmelser.

Lande, der tidligere baserede deres økonomi på produktion af olie og gas, har problemer. Norge, som havde en fornuftig anvendelse af sine oliemilliarder, har det fint med at eje 2% af verdens aktier. De mellemøstlige, afrikanske og sydamerikanske oliestater er bankerotte. Rusland klarer sig med nød og næppe ved at producere Thorium reaktorer og sælge landområder i Sibirien.

FNs Klima og Miljøråd har givet snævre grænser for fødselsraterne i de hårdest ramte lande.

Shorts II – Små historier om 2068

Europa har befæstet sine grænser mod ukontrolleret indvandring. Al indvandring er baseret på kvoter.

Danmark har åbnet op for en begrænset indvandring til Grønland. Rusland har åbnet op for en kontrolleret indvandring til Sibirien, og USA har åbnet op for indvandring til Alaska. Al indvandring er baseret på, at indvandrere er selvforsørgende, at de bosætter sig i ubeboede områder og accepterer landets love. Indvandring til Sibirien indebærer, at indvandreren skal købe jord af staten og selv betale byggemodning og infrastruktur.

Kina har en separat aftale om bosætning af klima og miljøramte borgere i Mongoliet.

90% af klodens energi dækkes af thorium reaktorer og vedvarende energi. Næste store skridt bliver udnyttelsen af brintfussion.

Økonomien er fin i de nordlige industrialiserede lande. Her er udviklingen fortsat med vækst i økonomien på 2-4 % årligt, og der har været økonomi til at lave forebyggende tiltag mod stigende vandstand og klimaændringer.

Økonomien er mere eller mindre brudt sammen i landene omkring ækvator. Et lille håb er der. Udledningen af CO_2 er faldet, optaget af CO_2 er steget, og temperaturkurven ser ud til at flade ud. Man forventer nu, at vandstanden i verdenshavene kun vil stige med yderligere 2 meter.

Rumprogrammer flirter med ideen om kolonisering af Mars. Amerikanske SpaceX har etableret en rumstation på planeten, og er startet med regelmæssige flyvninger til planeten. Man forventer at etablere et permanent bysamfund i dette årtusind.

Shorts II – Små historier om 2068

FNs Klima og Miljøråd

Efter anden verdenskrig oprettede FN et sikkerhedsråd, der medvirker til at løse konflikter. Sikkerhedsrådet fik en række militære og økonomiske magtbeføjelser til at gribe ind i konflikter, der truede verdenssamfundet.

Sikkerhedsrådet var under den kolde krig et instrument til at undgå en altødelæggende atomkrig, hvor vi udslettede hinanden. Krige er normalt baseret på, at vinderen på den ene eller anden måde får sine omkostninger betalt ved sejren. En atomkrig ville ikke have nogen vindere, og derfor var det muligt at undgå den. Miljø og klimakrisen har uden den samme dramatik det samme potentiale.

I 2031 oprettede FN et miljø og klimaråd. Rådet fik tilsvarende beføjelser som sikkerhedsrådet til at gribe ind, når stater opførte sig miljømæssigt uansvarligt.

Rådets sammensætning er lidt forskellig fra sikkerhedsrådets. Det har ingen permanente medlemmer med vetoret, men alle lande har en vægtet stemme baseret på befolkningstal, produktion og BNP.

Rådets første store opgave var at godkende klima og miljøplaner for hvert land og derefter håndhæve dem. Det tog en del år med meget ballade og brudte tidsfrister, men til slut var der regler for, hvor meget det enkelte land måtte påvirke klodens økosystem.

Rådet udstedte en række love, der skal overholdes af medlemslandene.

Mindst muligt energi fra fossile brændstoffer. Anvendelsen af kul forbudt fra 2060. Vedvarende energi fremmes. Thorium baserede kernekraftværker fremmes. Meget energikrævende områder som varme og aircondition reguleres med højeste og laveste temperaturer tilladt. Andelen af kød fra husdyrhold får maksimumsgrænser i de enkelte lande. Luftfarts og turistindustrien får pålæg om at bidrage til foranstaltninger, der binder CO_2 svarende til deres forurening. Krav om fødselskontrol.

Fossile brændstoffer som olie og gas pålægges en afgift, hvor pengene går gennem en fond til finansiering af nye klima og miljøtiltag. Beskatningen af fossile brændstoffer og uhensigtsmæssigt forbrug har samtidig en adfærdsregulerende effekt. Skatter overføres til FN klima og Miljøfond, der administrerer og uddeler midler til relevante projekter.

Rådet reagerer på aktuelle kriser, men dets hovedopgave er at forudse og modvirke hændelser og udviklinger, der kan skade miljø og klima.

I samarbejde med førende universiteter finansierer Klima og Miljøfonden nye uddannelser, der sigter på at beskytte det globale økosystem. Fonden støtter projekter, der virker positivt på klodens miljø og klima.

En god ting ved hele klimaproblematikken er, at sikkerhedsrådet har fået det lidt nemmere. I lyset af det store fælles problem med at overleve, er spørgsmål om territorier og ideologier blevet lidt mindre væsentligt.

Afrika 2068

Den er gal i Afrika. Befolkningstilvæksten var meget høj i 30erne og 40erne, men er nu hurtigt faldende. De rige lande gav op med at hjælpe sidst i 30erne. Et land som Nigeria, der havde en voldsom befolkningstilvækst, samtidigt med at oliemarkedet blev reduceret, brød sammen i borgerkrig og hungersnød.

De rige lande, der så faren for at blive oversvømmet af Afrikas fødselsoverskud, lukkede grænserne, og håndhævede lukningen med hårdhændede militære midler.

Enkelte lande i det sydlige Afrika og et land som Ghana ser ud til at klare det, men alle har voldsomme problemer, fordi de mangler institutioner og regeringsstrukturer. Uden at prøve på at være vittig, kan man sige, at jungleloven gælder.

Moralsk er der peget på, at stammer, der har levet i overensstemmelse med naturen, er ramt urimeligt hårdt. De er helt uden skyld i deres situation, men er de hårdest ramte. Lidt modsat de tidligere så rige Arabiske oliestater, der også er hårdt ramt, dog havde en god del af gevinsten ved brugen af de fossile brændstoffer.

Shorts II – Små historier om 2068

Der arbejdes på at placere en kæmpe skyggesky omkring ækvator med håbet om at reducere temperaturen.

Der er oprettet en humanitær fond specielt til at hjælpe de hårdest ramte områder.

Grønland 2068

Grønland blev ikke selvstændig tilbage i 2020erne. Det var blevet klart, at en selvstændig stat baseret på ønsketænkning og med en befolkning på størrelse med Koldings og et areal halvtreds gange Syddanmarks og uden ressourcer til at håndhæve sine grænser og territorier, ikke var nogen god ide.

Klimaændringerne gjorde Grønland til et attraktivt område, og mange syddanskere er flyttet hertil. Der er nu landbrug i Sydgrønland, og Grønland er selvforsynende med basis fødevarer. Mineindustrien er under stærk udvikling. Fundet af sjældne jordarter, der anvendes i vindmøller og elbiler, gav et skub i udviklingen. En stor del af verdens kendte Thorium forekomster findes i Grønland.

Fiskeindustrien er vokset kraftigt bl.a. baseret på fangst af krill. Krill er i bunden af fødekæden, og derfor næsten uden tungmetaller.

Udviklingen af erhvervssektoren i Grønland har medført udviklingen af en bedre infrastruktur med regulære og jævnlige skibsruter langs kysterne.

Der er oprettet en række store nationalparker i Grønland, hvor kun oprindelige grønlændere har adgang.

25
Shorts II – Små historier om 2068

Danmark, Norge, USA og Rusland samarbejder om at regulere det pres, der er under udvikling, for at tillade bosættelse af befolkninger fra egne, der ubeboelige pga. varme eller oversvømmelse.

Klima og miljø Engineering 2068

Klima og miljø Engineering er et af de største fag på de tekniske universiteter. Samfundsvidenskab, hvor fag, der forsker i problemer omkring migration og immigration, er nu universiteternes vigtigste.

Man arbejder på højtryk for at finde aktive metoder til at påvirke miljø og klima. Mange fantasifulde projekter er i gang. Forskning omkring tyngdekraft viste, at den under visse omstændigheder kunne ophæves. Det gør det måske muligt at skubbe jorden ud i en større bane om solen og dermed reducere indstrålingen. Der er dog en del skepsis om dette projekt.

Andre projekter er mere jordnære og mange tager udgangspunkt i at kombinere løsningen af klima og miljøproblemer.

Efterfølgende er en række eksempler på projekter.

Shorts II – Små historier om 2068

Skyggeskyer

I 2040 opsendte man den første skyggesky. 20 Tons superfint kulstøv blev sendt i kredsløb 400 km fra jorden. Skyen kastede en beskeden skygge over de passerede områder, men effekten kunne registreres.

Det er her i 2068 efterhånden rutine at placere skyggeskyer i forskellige kredsløb omkring ækvator. Placeret i de forholdsvis lave kredsløb taber de over tid højde og forsvinder. Den lave placering gør dem dog ret effektive. Skyggeskyer har haft en effekt med at holde områderne omkring ækvator beboelige.

Placeringen af en skyggesky i et geostationært kredsløb – ca. 36.000 km – betyder at skyen er placeret over et punkt på kloden og har maksimum effekt på et bestemt område kl. 1200. Den første geostationære skyggesky blev under meget ballade placeret over Riyadh i Saudi-Arabien. Den reducerede middagssolen med 10 pct. og gjorde temperaturerne netop tålelige i byen.

Lagranges felter er et område, hvor en lige stor tiltrækning fra to objekter - f eks Jorden og solen - ophæver hinanden. Lagrangefeltet mellem Jorden og Solen er i en afstand mod Solen ca. 1,5 Mill. km.

Skyggeskyer placeret i lavere kredsløb vil være uden effekt om natten, en skyggesky placeret i

Lagrangefeltet vil virke hele døgnet. Planerne om placeringen af en gigantisk skyggesky i Lagrangefeltet mellem jorden og solen er vidt fremskredne og opbygningen forventes at gå i gang 2075.

Skyggeskyer har fået en kunstnerisk betydning. Afhængig af skyens kemi, virker den som en prisme, og giver farver som regnbuer eller solnedgange.

Shorts II – Små historier om 2068

Plastforureningen

I begyndelsen af århundredet, blev man opmærksom på et problem. Verdenshavene var i stor stil forurenet af plastaffald, der samledes, hvor havstrømmene dannede hvirvler. Hele havområder på størrelse med Frankrig var tæt forurenet med plastaffald.

Plastaffaldet blev efterhånden nedbrudt i mikropartikler og indgik i fødekæden. FN Klima og Miljøråd udstedte i 2039 et forbud mod udledning af plastaffald til vandområder, og samtidigt blev der etableret anlæg til recycling af plasten eller forbrænding af den.

Man fandt en anvendelse for de eksisterende plast øer. De ligger i havområder, der er forholdsvis golde på grund af et lavt indhold af næringssalte i vandet. I 2041 startede man med at sprede aske fra de igangværende kulkraftværker på plast øerne. Aske fra kulforbrænding har en rimelig balance af næringssalte, fordi det oprindeligt stammer fra planter.

Plasten forhindrede asken i at synke til bunds, og blev basis for en frodig vækst af tang og alger, og plastøerne omdannedes efterhånden til flydende øer med en rig og varieret plantevækst. Samtidig blev øerne en basis for en rig fiskebestand, og store mængder CO_2 blev bundet i øerne.

Ideen til denne udnyttelse af plastøerne bunder i en iagttagelse af, hvad der sker, når man smider et træstykke i havet. Efter en vis tid vil der omkring træstykket dannes et lille biosystem med alger og bakterier, der tiltrækker små fisk og krebsdyr.

Klima og Miljøfonden finansierer udspredningen af aske, fordi der blev bundet store mængder CO_2. Store forurenere som luftfartsselskaber køber aflad ved at betale til øerne.

Seafarming

Baseret på de enorme mængder af aske fra kulfyrede kraftværker har en helt ny Seafarming industri udviklet sig med støtte fra Miljø og Klimafonden.

Asken formales fint, blandes og granuleres med et fortykningsmiddel baseret på cellulose. Granulatet er lettere end vand og flyder i overfladen. Det nedbrydes over tid og frigiver næringssalte til havvandet. Det virker her som næring for et udvalg af alger og plankton, der igen er basis for en fiskebestand, der høstes af fiskere. Plankton og alger, der ikke spises, synker til bunds – Seafarming er typisk på områder med meget store vanddybder, hvor der ellers er begrænset liv – og døde alger og plankton tager dermed også CO_2 ud af regnskabet.

En del sea-farmere specialiserer sig i krill, der typisk er det næstlaveste trin af fødekæden, medens andre går efter lidt større fisk som sardiner. Man går efter det lavest mulige led i fødekæden.

Der arbejdes på en direkte udnyttelse af plankton, hvor problemet er at styre væksten af de ønskede arter.

Specielt landene omkring Stillehavet udnytter seafarming, og her i 2068 er der seafarming sammenlagt på områder på størrelse med Tyskland.

Den tidligere bekymring mod udledning af rene næringssalte fra byer og landbrug er afløst af en accept af, at næringsstoffer, der hensigtsmæssigt tilføres vandmiljøet, kan give en øget fiskebestand.

Shorts II – Små historier om 2068

Seafarming II

I 2040erne, hvor det blev klart, at store kystnære områder ville blive oversvømmet, forberedte man at udnytte oversvømmelserne til etablering af en speciel fødevareindustri. Alle veje og nye bebyggelser bliver tilpasset eller planlagt således, at når området bliver oversvømmet, opstår der damme afgrænset af dæmninger og veje.

Dammene mellem dæmningerne anvendes til en seafarming industri, hvor der produceres plankton, krebsdyr og fisk.

Denne type seafarming er specielt anvendt meget i Bangladesh, hvor et tidligere meget befolkningsrigt område er oversvømmet.

Spildevand – grøn ørken

Der ligger masser af byer på kanten af ørkener. En lille smule blæst og sandet fyger om ørerne på indbyggerne.

I 2030erne fik man øje på paradokset at store byer langs Nilen som f.eks. Cairo, der ligger i nogen af verdens tørreste omgivelser, sendte deres kun mekanisk rensede spildevand ud i Nilen. Problemet var det samme i de små oasebyer spredt omkring i Sahara. Spildevand var simpelt hen forurenende spild. En meget dårlig kombination.

Klima og Miljørådet gik 2031 ind i et stort forsøgsprojekt med bystyret i Cairo. Der boede ca. 7 mill. indbyggere i byen og de producerede mere end 1 mill. m3 spildevand om dagen.

Der blev anlagt en rørledning til et ørkenområde 130 km vest for byen. 500.000 m3 mekanisk renset spildevand bliver i forsøgsprojektet dagligt pumpet til et udvalgt område, hvor det bliver spredt over ørkenen. Projektet er i dag et forskningsprojekt, hvor der forskes i beplantning, optimering af vandmængder pr areal, sygdomsrisiko etc.

Der er et globalt forbud mod anvendelse af miljøfjendske rengøringsmidler i husholdningerne, og industrien har forbud mod udledning af samme.

35
Shorts II – Små historier om 2068

Udledning af spildevand til tørre ørkenområder er nu almindelig i byerne og oaserne omkring Sahara. Set fra rummet er det som små grønne pletter i den store brune sandørken. Der bindes store mængder CO_2 i vegetationen. Der er en vis nyttevirkning fra planterne, og vandfordampningen har en lille positiv effekt på nedbørsmængden.

Udledningen af spildevand fra byer (eks Las Vegas) pumpes rutinemæssigt til passende landområder.

Arktis, Antarktis, Gletsjerne

Temperaturen stiger. Indlandsisen skrumper, Antarktis bliver mindre og gletsjerne forsvinder.

Der er udviklet en ny teknik til deres bevarelse. I sommerperioden strømmer smeltevandet fra overfladen og spalter i isen. Vandstrømmene samles og danner floder. Her er udviklet en metode baseret på pumpestationer, der om vinteren pumper vand op og fylder udløbene fra isens spalter, og der pumpes vand op som fryser og danner dæmninger foran iskanten.

Hvor is dæmningerne er tilstrækkeligt store og ispropperne i spalterne stabile nok til at holde sommeren over, er tilbagetrækningen af isbræerne standset, og enkelte steder vokser de.

Shorts II – Små historier om 2068

Danmark 2068

Danmarks folkestyre 2068

Den teknologiske udvikling ændrede demokratiet. De gode gamle personnumre er erstattet af en kode baseret på DNA. Man bærer en personlig chip indopereret i håndleddet. Chippen er aktivt kombineret med ens DNA, og man kan derfor altid legitimere sig sikkert. Ingen kørekort, ingen kreditkort, intet pas, ingen nøgler etc. En periode brugte man ansigtsgenkendelse som legitimation, men fremskridt inden for plastickirurgien gjorde det nødvendigt at gå tilbage til chipsene.

Et stort trackingsystem viser, hvor den enkelte person opholder sig, og har opholdt sig. Er der behov for det, kan man med en dommerkendelse få adgang til relevante data i trackingsystemet.

Forbrydelser bliver opklaret næsten 100%. Begrebet forsvundne personer eksisterer ikke.

Folketing og byråd har ændret arbejdsmetode. Alle afgørelser sker i princippet ved folkeafstemning. De gamle valg med papirstemmesedler, optælling og alt hurlumhejet omkring er væk. Nu går alle større beslutninger til folkeafstemning, der let gennemføres med den personlige chip.

Demokratiet er nu baseret på folkets stemme.

Hvert fjerde år er der som tidligere valg, der sammensætter folketing og EU Parlament. Valget sker elektronisk.

EU Parlamentet har en stor magt, med en formand valgt direkte af befolkningerne i Europa. Der er en fortsat en rivalisering mellem de enkelte landes parlamenter og EU Parlamentet om indflydelse, men generelt er udenrigspolitik, forsvars- og klimapolitik bestemt af EU. Finanspolitikken er af EU lagt i rammer inden for hvilke de enkelte lande kan navigere. Elektroniske folkeafstemninger er ved at blive indført i hele EU.

Betjeningen af ministre og folketingsmedlemmer er tilpasset. Tidligere ville ministre have personlige assistenter kaldet spindoktorer. De var karakteriseret ved ikke at have forstand på andet end at bortforklare ministerens fadæser, og var typisk journalister eller partivenner. Nu er kravet, at en landbrugsministers personlige assistent skal have forstand på landbrug, klima og miljøministerens assistenter er fysikere, erhvervsministerens er erhvervsuddannede osv. Tidligere tider, hvor en resortminister ikke anede, hvad hans resort drejede sig om, og som havde personlige assistenter, der om muligt anede endnu mindre, er ovre.

Christian er nu konge. Inden han overtog kronen, bad han om en folkeafstemning. Den var kun vejledende, grundloven sagde ikke noget om folkeafstemning i den forbindelse, men Christian lovede at afslå jobbet, hvis ikke der var flertal. Han fik 84% af stemmerne, og er nu verdenshistoriens første folkevalgte konge.

Kongerigets første konger i begyndelsen af sidste årtusind underskrev aftaler med adelen. Det blev afløst af enevældige konger, hvor det var underforstået, at Vorherre støttede dem. Enevælden blev afløst af det institunelle monarki med arvefølge og uden særlig indflydelse, men med en del privilegier for ulejligheden.

Den er nu afløst af en demokratisk valgt monark.

Valg 2068

Valgkampen er i gang. De 8 partier, der er opstillings berettiget, har gang i den afsluttende traditionelle partilederdebat.

Debatformen er formel. I første runde fremlægger partilederne deres egne programmer. Man undlader under denne runde at angribe andre partiers programmer. Det var omvendt 50 år tidligere.

Til stede under den fortsatte debat er robotten Adam 2,0. Adam 2,0 er en robot med adgang til relevante databaser, og kan på forespørgsel af partilederne hurtigt konsekvensberegne punkter i de forelagte partiprogrammer.

Debatten er rimeligt faktabaseret. Ingen af partilederne har lyst til at diskutere facts med Adam 2,0. Man kan koncentrere sig om at diskutere politiske mål.

Valgkampen havde en nyskabelse. Robotterne Adam 1,0 og Eva 1,0 havde i et tv-program en politisk diskussion, hvor de hver repræsenterede 2 forskellige synspunkter inden for økonomisk politik. Bortset fra at robotstemmerne lød lidt mekanisk, havde udsendelsen været meget interessant, fordi de enedes om den bedste politik til at opnå en stabil økonomisk vækst og bevare velstandsfordelingen.

Shorts II – Små historier om 2068

Partilederdebatten var meget påvirket af udsendelsen. Det var vanskeligt at argumentere for en anden økonomisk politik end den, de to robotter var kommet frem til, og partilederdebatten endte med at koncentrere sig om, hvorvidt man skulle tillade robotter i en valgkamp. En enkelt partileder tog det fra den humoristiske side, og gjorde sig til talsmand for, at robotter kunne deltage, hvis de udvikles med en humoristisk sans, hvilket de tydeligvis havde manglet.

Valget gennemføres den følgende dag mellem KL 0800 og kL 2000 med en elektronisk stemmeafgivning, og valgresultatet kendes 1 minut over KL 2000.

Beskatningssystemer

I Danmark har kravet fra FN-Klima og Miljøråd om at nedbringe udledningen af drivhusgasser og miljøforureningen medført en omlægning af skattesystemet.

Mere skat på fossile brændstoffer, skat på turisme, skat på kød - afhængig af den miljøbelastning det giver- skat på plast og emballage, skat på udledning af spildevand, skat på materialer (råvareskat), skat på flyrejser, skat på finansielle transaktioner, skat på kørte kilometer.

Skatten på finansielle transaktioner blev nødvendigt i 2030erne, hvor omfanget af computerbaserede spekulationer uden nogen reel nytteværdi voksede ukontrollabelt, hvor bankerne helt havde mistet deres fornemmelse af at være en del af samfundet, og hvor grådigheden tog overhånd.

Producenterne af fossile brændstoffer som olie, gas og kul betaler en skat direkte til FNs Klima og Miljøråd.

Lande, der starter krige, idømmes miljøbøder. Lande, der ikke overholder de tildelte kvoter for udledning og forurening, idømmes bøder. Lande, der ikke overholder kvoter for befolkningstilvækst eller befolkningsreduktion, idømmes bøder.

Bødernes størrelse relaterer til omkostningerne ved at reparere på skadevirkningen af forureningen plus en ekstra straf.

Reglerne håndhæves af sikkerhedsrådet med de sanktionsmuligheder, de har til rådighed.

`Væksthus for børn´

I 2027 begyndte man at se på alternativer til børnepasningen i de institutioner man kendte dengang. Man havde noget man kaldte vuggestuer og børnehaver. Her blev børnene afleveret om morgenen og hentet sent om eftermiddagen. Mange børn var i stuer, hvor der kunne være enkelte voksne, der sørgede for at børnene var pædagogisk beskæftiget. I modsætning til tidligere og mere primitive tider hvor børnene indgik i og efter bedste evne hjalp til i familien. Bygningen af denne type børneinstitutioner stansede i helt 2045.

Man fandt et gammelt projekt fra 2011, der var udarbejdet af en ung arkitekt, som kaldte det et `Væksthus for Børn´. Projektet var en nyskabelse inden for børnepasning, og var blevet rost meget af pædagogiske autoriteter.

Af uvisse grunde blev projektet glemt, indtil man stødte på det i søgningen efter en bedre måde at passe småbørnene.

Et typisk `Væksthus for Børn` består fysisk af et 7-800 m2 stort glashus (drivhus). I drivhuset er placeret 11 bo-enheder på ca. 20 m2 hver. Hver bo-enhed er udlejet til en dagplejer, der typisk passer 3-5 børn hver, og har den faste kontakt til børnenes forældre. Pasningstider aftales individuelt med dagplejeren. Dagplejerne aflønnes individuelt af forældrene og med et offentligt tilskud. Forældre og dagplejere har mulighed for at aftale højere aflønning. Dygtige og efterspurgte dagplejere kan have en høj indtjening. I tilfælde, der kræver fleksibilitet, kan der aftales ordninger på tværs mellem dagplejere og frivillige.

I væksthuset er placeret en indendørs legeplads, et fællesrum der virker som cafe, grønne områder, en extra bo-enhed til syge børn og stier og grønne områder omkring bo-enhederne. Til `Væksthuset´ er knyttet en vikarordning i tilfælde af dagplejernes sygdom. En udendørs legeplads er i forbindelse med `væksthuset,´ der kan åbne væggen mod legepladsen.

Til væksthuset er knyttet pensionister, der på frivillig basis hjælper dagplejerne og bruger væksthusets cafe som et socialt mødested.

Fordelen ved denne type børnepasning er mange. Børnene (og forældrene) har i bo-enheden en overskuelig hverdag, med en fast person at knytte sig til. Væksthuset udgør en ekstra klimazone, der kan udnyttes, når vejret er dårligt. Ingen brug af ørepropper af pædagogerne på regnvejrsdage. Børnene kan få legekammerater og lege mellem bo-enhederne. Dagplejerne kan udvikle et fagligt miljø og samarbejde om fælles udflugter, lægeordning og sundhedsplejerske.

Pasningen af børn i ´Væksthus for børn´ viste sig at være billigere end det gamle system med institutioner.

Et projekt er beskrevet på

www.denuendeligevirkelighed.dk/vaeksthus .

Management

I trediverne kom der et opgør i den offentlige administration. Der var langt fra de, der udførte arbejdet, til de der bestemte. Det offentlige system var godt i gang med at sande til.

Et mere selvstyrende administrativt system blev udviklet med inspiration fra dyreverdenen.

Ser vi på systemer i dyreriget, er det muligt at udføre komplicerede operationer uden brug af avanceret management. Myretuer med millioner af myrer kører fint uden komplicerede managementsystemer. Det samme med bier og hvepseboer hvor boet og larver passes uden kompliceret management.

Specielt forskning i stærenes sort sol flyvning var inspirerende. Forskning viste, at den enkelte stær holdt øje med de 7 nærmeste stære i flokken og reagerede på, hvad de gjorde. På den måde kunne hele flokken holde sammen, udvides eller svinge uden at gå i opløsning. Lignende systemer fandt man i fiskestimer.

En meget væsentlig regel blev indført. Det blev tilladt og forventet, at der skete fejl i systemerne. Det havde været almindeligt, at var der sket en fejl, blev der lavet en ny regel. Når antallet af regler overskrider en vis grænse, hjælper de ikke.

Man er simpelt gået fra processtyring til målstyring.

Shorts II – Små historier om 2068

Heterosis

Heterosis kalder genetikerne det, når to forældre genetisk bidrager med forskellige positive bidrag til et afkom. Typisk vil forældre med en meget forskellig arvemasse få mere livskraftige børn, end hvis forældrene er mere ens eller nærtbeslægtede. Man kan se på det, som det modsatte af indavl, der er et velkendt fænomen i isolerede samfund eller afgrænsede samfundslag, hvor udvalget af partnere er begrænset.

Nogle samfund var opmærksom på problemet, og havde skikke eller traditioner til at modvirke det. Besøgende hos gamle dages eskimobosættelser var inviteret til at få børn med pladsens kvinder, hvilket var en meget fornuftig foranstaltning til at undgå indavl. Genomet hos grønlandske eskimoer er i dag +25% af dansk oprindelse.

Det er nu i 2068 anerkendt, at indvandringen til Europa har haft en gavnlig indflydelse på sundhedstilstanden af genmassen i Europa. Behandlingsmulighederne for sygdomme har i Europa sat den darwinistiske, naturlige selektion delvist ud af kraft, og sundhedsmæssigt dårlige gener får lov at overleve. Det er så igen blevet opvejet af endnu bedre behandlingsmuligheder. Sundhedsmæssigt svage gener har ikke overlevet i mange af de lande, hvorfra Europa modtager immigranter.

Darwins lære om evolution er nu ved at blive sat ud af kraft. Geningeniører reparerer og ændrer på uønskede gener. Nye arter designes til specielle formål.

Turisme 2068

I 10erne, 20erne og begyndelsen af 30erne så man med begejstring, at turismen steg. Kæmpe menneskemasser bevægede sig rundt på kloden. Det var en aktivitet, der krævede enorme anlæg af hoteller, veje, lufthavne og havne.

Alle var glade indtil et vist punkt. Det begyndte ved de mest populære turistmål. Der kom for mange. Til sidst så man kun hinanden, man skulle bestille tid hvis man ville se en seværdighed, og lokalbefolkningen hadede dem.

Der kom en bevægelse for at oplyse om det fjollede i at vi rejste rundt og kun så på og gik i vejen for hinanden.

Danmark besluttede i 2035, at man var træt af for mange turister. Byer fyldte med fremmede mistede deres autencitet, og turistrådenes opgave blev nu at begrænse og vælge de rigtige turister.

Alle hotelsenge fik en extra skat. Turistbusser blev beskattet extra pr kørt kilometer. Lufthavnsafgifter blev øget og promotions blev stoppet. Nedgang i turismen blev lovprist.

Dating 2068

I de gode gamle dage mødte dreng pige, sød musik opstod og man stiftede familie og fik børn. Man kan sige meget pænt om denne skik, men man kan ikke sige, at den var rationel. Udvalget var for mange begrænset, og ikke alle valg endte lige lykkeligt.

Da det digitale univers blev etableret i begyndelsen af årtusindet, udvidedes mulighederne kraftigt, og den enkeltes valg af partner var ikke længere begrænset til et udvalg af naboer, kollegaer og venner, hvilket i parentes betragtet er sundt for samfundets genmasse.

I dag er man kommet skridtet videre. Datingfirmaerne tilbyder nu partnere baseret på, at ens genom er kompatibelt med den potentielle partners. Har man et recessivt (svagt) gen i sit genom, vil datingfirmaets computer vælge en partner med et tilsvarende dominerende gen, der vil skjule det svage gen.

Datingfirmaer tilbyder partnere med en defineret personlighed, udseende, intelligens og sundhed. Samtidig kan de forudsige sandsynligheden for, hvilke egenskaber eventuelle børn vil få.

Har man specielle ønsker til sine børns egenskaber, f.eks. højde eller intelligens, og det ikke er muligt at finde den rette partner, kan en geningeniør optimere en lidt mangelfuld genmasse.

53
Shorts II – Små historier om 2068

Det har givet en helt ny mening til begrebet ønskebørn.

Kunst 2068

Design og kunst tænkes ind i alle forhold. Mange ressourcer afsættes til at gøre omgivelserne så attraktive som muligt ved at bygge funktion og kunst sammen. I de rigere lande er de fysiske behov rimeligt dækket, og immaterielle værdier er blevet efterspurgte.

Ingen broer, parker eller bygninger får finansiering, hvis ikke de er baseret på en ide, og har en designmæssig eller kunstnerisk værdi. Det er ikke en lovregel, men er et simpelt krav fra investorer, der forventer, at deres pant bevarer sin værdi.

Et eksempel på et offentlig anlæg hvor kunst og funktion spiller sammen, er den undersøiske tunnel under kanalen mellem skuespilhuset i København og Operaen på Amager. De har et fagligt samarbejde, der er restauranter på begge sider, og der er et behov for transport mellem dem.

Løsningen blev tunnellen i 2029. En knap 300 meter lang glaskorridor, 4 meter bred bygget op som en romansk hvælving af glas. Hvælvingens højde er 3 meter. En cykelsti er placeret i halvdelen af korridoren og et fortov i den anden halvdel. Tunnellen hviler på kanalens bund, hvor der er en vanddybde på 7 meter.

Shorts II – Små historier om 2068

Tunnelen har, bortset fra sin funktion som en transportkorridor, fået sit eget liv. Svømmere udnytter det rene kanalvand til at svømme omkring den. Fodgængere får et direkte indblik i livet i vandet uden for tunnelen. En restaurant, der er placeret i forbindelse med den på midten, har en unik udsigt gennem loftet.

Tunnelen virker som en lysslange gennem kanalen og ses tydeligt fra luften. Ved særlige lejligheder opføres der lysshow i den.

Fagforeninger

Fagforeningerne har fået det svært. Det er slut med store generelle overenskomster, hvor forhandlere sidder i sene aftentimer og aftaler løn og arbejdsvilkår for de undrende arbejdstagere. Slut med at sige arbejdstiden er 37 timer eller noget andet fra mandag til fredag. Slut med at have en fast pensionsalder.

Fagforeningernes opgave er nu at hjælpe dets medlemmer med de individuelle aftaler, de arbejder efter. Lidt i stil med hvad kunstneres og sportsfolks agenter gjorde tilbage i tyverne.

Der er kun en generel mindsteløn og en generel arbejdstid for lavtlønsjob. Alle andre ansættelser sker individuelt, de fleste tager udgangspunkt i en passende standardkontrakt for området. Arbejdstiden er fleksibel efter parternes behov og lønnen aftales individuelt.

Pensionsalderen er individuel. Går man tidligt på pension, er pensionen mindre. En senere tilbagetrækning giver en højere pension. Typisk vil man gradvist reducere sin arbejdstid mod slutningen af ens arbejdsliv.

For at gøre arbejdstiden mere fleksibel kan arbejdstageren hensætte 20% af sin løn ubeskattet på en konto, hvorfra man kan supplere sin løn (her betales skatten), hvis indtjeningen reduceres.

Økobebyggelse 2068

Økobebyggelser er almindelige i 2068.

Økobebyggelserne har hentet megen inspiration fra de tidlige økobebyggelser som Dyssekilde ved Hundested.

Lidt uden for Roskilde er firmaet Økobyg a/s i gang med et nyt økobyggeri. Økobyg a/s har købt en 17 ha stor landejendom og er i gang med byggeriet.

Byggeriet omfatter stalde til svin, får, og høns. Det blev fravalgt at bygge kvæg og hestestalde. I forbindelse med staldene er opført en lade bygning med værksted og gårdbutik. Der placeres 200 forskellige boenheder. 40 toværelsers, 60 treværelsers, 60 fireværelsers og 40 5 værelsers boenheder i et plan. Der er et fælles drivhus og et forsamlingshus med køkken. Bebyggelsen sælges som ejerlejligheder med en ejerforening, der driver landbruget.

Der er ansat en landmand, der passer jorden og dyrene. Han passer samtidig ejendommens fællesarealer, og hjælper hvis en vandhane drypper.

Markbruget består af grøntsager og rodfrugter. Der er græsmarker til dyrene. Hønsene går frit i hønsehus med hønsegård. Drivhuset anvendes til druer, ferskner og tomater, der frit kan hentes af beboerne. Drivhuset har et lille forsamlingsområde hvor børn og voksne kan mødes.

Ejerforeningen aflønner landmanden og beboerne køber grøntsagerne i gårdbutikken eller henter dem selv i marken. De afregner på tro og love med ejerforeningen. Beboerne må selv hente æg i hønsehuset. Der er plantet frugttræer, der giver frugt i hele sæsonen. De kan frit hentes af beboerne. Får og grise slagtes af den lokale slagter og sælges med førsteret til beboerne.

Forsamlingshuset anvendes til fællesspisninger, legestue for børn, foredrag og møder.

Der planlægges et erhvervshus, hvor selvstændige kan leje sig ind og således have arbejdsplads ved bopælen.

En stor vindmølle leverer kraft til bebyggelsen. Det suppleres med el fra nettet.

Alle har fri adgang til marker og stalde, hvilket giver et fællesskab.

Alt husholdningsaffald anvendes som foder til grise og høns.

Vand fra egen boring. Spildevand renses i sivebrønd. Septiktank med overløb til gylletanken fra svineholdet. Aftale med nabo om håndtering af gyllen.

Økobebyggelsen er tæt på økologisk ligevægt. Der tilstræbes en blandet beboersammensætning.

-

Økobebyggelser har vist sig at have meget tilfredse beboere. Beboerne fremhæver fællesskabet og den nære kontakt med naturen og fødevarernes korte vej fra jord til bord. De nævner fordelen for meningsfuld aktivitet for børnene og deres kontakt med dyrene.

Økonomisk er økobebyggelse totalt set en fordel for beboerne. Flere økobebyggelser er opbygget omkring f eks et plejehjem eller anden virksomhed.

Landsbyer

Økobebyggelser gav inspiration til de hensygnende landsbyer, hvor man nu organiserer eksisterende bebyggelser i forbindelse med små landbrug.

Det har givet en helt ny måde at tænke landsby på. Efter forbuddet mod at anvende giftige midler i husholdningerne, og med en streng kontrol af spildevand fra erhvervslivet, undgår man nu udledning af spildevand.

Religion 2068

De tre store religioner har det svært. Specielt de meget dogmatiske religioner som Islam og Jødedom er udfordret. Kristendommen har haft lidt lettere ved at tilpasse sig.

Det er lidt svært, når religiøse påstande hugget i granit ikke kan klare en enkel detektorprøve. Her havde de kristne det lidt lettere, fordi de ikke påstod at biblen og det nye testamente var kommet direkte fra Vorherre, men var sammenstykket af udsagn vedtaget på en kirkekongres i det tredje århundrede, og at der derfor måske kunne have sneget sig enkelte unøjagtigheder ind. Specielt to religiøse udsagn havde det svært.

Skabelsesberetningen var meget svær at argumentere for. Jorden blev nok ikke skabt på seks dage og med en syvende som hviledag, og der blev nok ikke lys, fordi skaberen sagde, lad der blive lys. At Vorherre havde skabt mennesket i sit billede, var der en del spørgsmål om rigtigheden af. Påstanden om at jorden var universets centrum, er der også en del tvivl om. Det blev heller ikke lettere da man i 2051 begyndte at modtage intelligente signaler fra stjernebilledet Orion. (Det ville de gamle ægyptere dog godt kunne forstå).

Nærdødsoplevelser gjorde det næsten umuligt at påstå, der kun var én gud, og at han var meget opsat på ikke at blive forvekslet med andre. Til alle tider havde der været beretninger om nærdødsoplevelser.

Shorts II – Små historier om 2068

Nærdødsoplevelser er ret almindelige, man mener at omkring 5% af en befolkning har haft dem. Beretningerne var som regel uafhængig af religion, men gav nogenlunde enslydende fortællinger, om hvad der skete i grænselandet mellem liv og død.

I 2051 blev det første kontrollerede nærdødsforsøg gennemført. En mand blev dræbt kontrolleret og derefter genoplivet. Manden var ateist, men kunne alligevel fortælle, at han havde følt sig meget velkommen på den anden side. Lignende forsøg er gentaget mange gange, hvor resultaterne har været de samme. Enkelte ser dog afhængig af deres tro, hvad de mener er Jesus eller Mohammed.

Nærdødsforsøgene havde en ganske enkel kontrol. Forsøgspersonen skulle efter sin ude af kroppen oplevelse fortælle, hvad der var placeret skjult oven på et skab i forsøgslokalet.

Den nye religion

Religion har altid været betegnet som tro. Ens egen religion er tro, andres religion er overtro, og her er betegnelsen *over* ikke ment helt positivt.

Den nye tro her i 2068 er mere baseret på viden. Det er blevet anerkendt, at alt levende har en sjæl, og at sjælen er vores egentlige jeg. Videnskaben har fastslået, at vores virkelighed består af flere dimensioner end de tre-fire, vi opererer med i dagligdagen. Den nye tro går på, at sjælen vil have en eksistens i én eller flere af disse dimensioner.

Det er almindeligt anerkendt og vist i mange sammenhænge, at alt levende har en forbindelse med andre dimensioner og derigennem med hinanden.

Forskningen i bevidsthed har en høj prioritet, og prøver at komme nærmere på hvad liv er. Fysikere beskriver universer, hvor der er plads til den nye forståelse af bevidsthed og religion.

Religion er under udvikling fra tro til viden.

Teorien om alt

Det er en 150 år gammel drøm at finde en enkelt, altomfattende, sammenhængende om teori om alt.

For 150 år siden blev der udviklet 2 helt afgørende teorier i fysikken. Einstein med teorierne om relativitet, der fokuserer på tyngdekraften for at forklare universet og quantum teorien, der tager udgang i det meget små, og ikke tager særligt hensyn til tyngdekraften.

Der var mange diskussioner, hvor specielt quantum teorien blev angrebet, også fordi den gav nogle svar, der er helt uforståelige ud fra almindelige betragtninger, og var vanskelig at bevise eksperimentelt.

Begge teorier er bevist at gælde, men det har aldrig lykkedes at finde en teori, der omfatter begge.

Det er nu blevet almindeligt anerkendt, at det ikke er muligt at finde en sammenhængende teori uden at inddrage flere dimensioner.

2068 Hvis ikke ….

Hvis ikke kampen mod klima og miljøforandringerne bliver global – hvad så?

Temperaturen er steget med 2 grader siden 2018. Havet er steget 2 meter. Stillehavsøer, Bangladesh, kystbyer er forsvundet. Golfstrømmen er ved at vende og klimaet ændrer sig over alt. De fleste steder varmere, men også nogle steder koldere. Danmark vil sikkert i en periode blive koldere pga. ændringen i Golfstrømmen. Tundraerne er under optøning og frigør metan, der er har større drivhuseffekt end CO_2.

Store dele af landene omkring ækvator er ved at blive ubeboelige. Folkevandringer og krige om beboelige områder. Tornadoer og storme bliver almindelige, og stormfloder vil oversvømme områderne bag diger, der er bygget mod den stigende vandstand.

Om lidt længere vil polerne smelte, og kun bjergtoppe vil være over vandet.

Befolkningstallet vil stige fra 7 milliarder i 2018 til 10 milliarder i 2050 og måske 12 milliarder i 2068. Her når vi den fase, der kan sammenlignes med, hvor bakterievæksten stopper i petriskålen beskrevet under økosystemer. Herefter vil jordens befolkningstal begynde at falde.

Shorts II – Små historier om 2068

Vi kan så glæde os over, at der vil blive udmærkede forhold for bjørnedyr, slimbakterier og visse svampe.

Et økologisk system med en dominerende art ude af kontrol vil til slut ødelægge sig selv.

1 %

Én procent af jordens klimaforskere siger, at klimakrisen ikke er menneskeskabt. Der er altså en lille chance for, at alt foranstående er rent sludder.

Der er mange grunde til, at det er svært at være helt sikker på, hvad der sker. Der er en del selvregulerende mekanismer i systemet. Uden at kende beregningsmodellerne kan man pege på, at der skal tages hensyn til:

Når temperaturen stiger i tundraen, og der slippes metan ud i atmosfæren, vil der samtidigt komme en øget plantevækst på tundraen, der vil binde CO_2.

Når temperaturen stiger, stiger udstrålingen fra jorden exponentielt.

Når CO_2 indholdet stiger, virker det positivt på plantevækst og mere CO_2 bindes.

Når vandtemperaturen stiger, vil der (indtil et vist punkt) være en øget vækst i biomassen.

Hvordan påvirker vulkanudbrud klimaet?

Osv.

Tre små historier fra

Shorts - Små historier om næsten alt.

Våbenudvikling

Et tankeeksperiment. Jeg levede i vikingetiden og havde rådighed over et maskingevær. Jeg ville bortset fra visse logistiske problemer kunne beherske den kendte verden.

Hvor langt tilbage kunne man være konge i Danmark, hvis man havde et maskingevær? For 150 år siden tabte vi krigen i 1864. Med et stk. maskingevær kunne vi have vundet krigen. Der er vel et spring på 25 år før maskingeværet blev opfundet. (Ca. 1000 englændere brugte maxi-maskingeværet til at slå zuluerne – der var en afrikansk stormagt – i slutningen af 1800-tallet.)

Ser vi på første verdenskrig, ville den have set helt anderledes ud, hvis Tyskland havde rådet over nogle

få Tigertanks. Tigertanks ville uden de store problemer have kørt over de allierede skyttegrave og direkte til Paris.
Tigertanks blev indsat i 2 verdenskrig 25 år senere.

Anden verdenskrig havde fået et helt andet forløb, hvis Tyskland havde rådet over de jetjagere, der blev anvendt i Korea krigen 8 år senere. Slaget om England, hvor de engelske Spitfires og Hurricanes nedkæmpede Luftwaffe, havde fået en helt anden udgang, hvis de havde mødt jetfly som de ti år senere Thunderjets og Starfigthers.

I senere krige som seksdageskrigen og Irakkrigene har vi også set, at en bedre våbenteknologi, måske kun få år foran modstanderens, er helt afgørende.

Nu er det så heldigt, at generaler og politikere vurderer mulighederne ud fra erfaringerne fra den sidste krig, ellers vil der virkelig komme gang i våbenkapløbet.

Brokkesegmentet.

Et af de mest stabile segmenter i Danmark er brokkesegmentet. Den hårde kerne udgør vel omkring ca. 10 procent, som er klar til at brokke sig om hvad som helst, og de har så en række lige så stabile følgesegmenter lidt afhængig af hvilket emne, der er på tale.

Én af de mest stabile følgesegmenter er naturbrokkerne. Her allierer hardcorebrokkerne sig med Danmarks Naturfredningsforening.
Denne undergruppe af brokkere har en meget stabil tilgang til spørgsmål vedrørende naturbeskyttelse. Deres første og helt grundlæggende regel er, at hvis det er skidt for landbruget, så er det godt for naturen.
Senest kom det til udtryk i randzonebestemmelserne. Her bestemte man uden nogen form for dokumentation, at det i Danmark vil hjælpe med en udyrket randzone på ti meter til alle vandløb og søer. Da det så blev politisk umuligt, indskrænkede man randzonen til 5 meters bredde med argumentationen, at det ikke betød noget. En konklusion man også var kommet til i vores nabolande.
Deres næste, næsten lige så sikre brokkeregel er, at hvis grundejere og parcelhusejere er begunstiget, bør det bekæmpes. I forbindelse med et tidligere

ejerskab af en have ned til en sø, har jeg oplevet krav fra DN om fredning af halvdelen af min græsplæne.

Et andet næsten lige så stabilt brokkesegment er Danmarks Lærerforening. DLs protest mod enhver forandring i folkeskolen er næsten lige så sikker som de grundlæggende naturlove. Det kræver en meget lang hukommelse at huske forslag til ændring eller forbedring af folkeskolen, der ikke er blevet mødt med protester fra denne udmærkede forening.

En mere løs gruppe af brokkere er store-projektbrokkerne. Atomkraftværker i Danmark er succesfuldt blevet stoppet af denne gruppe. Små vindmøller er ikke rigtigt blevet ramt, men kommer der for mange, eller de bliver for store, bliver de spottet af brokkerne. Sidst set, da et testområde beregnet til afprøvning af store vindmøller blev etableret i en plantage bestående af udvoksede og gamle fyrretræer, blev udråbt til værdifuld kultur.

Store-projektbrokkerne har en værdifuld fordel. Når et projekt er etableret og i normal gænge glemmer alle, at de var så meget imod det, og brokkerne vil nu med ildhu og demonstrationer værne om det.
Jeg mindes ikke at have hørt nogen vedvarende protester fra de meget indædte modstandere af storebæltsforbindelsen. Ikke en gang argumentet om ikke at kunne nyde en kop storebæltskaffe er hørt på det seneste.

Shorts II – Små historier om 2068

En anden stabil undergruppe af brokkere er gmo-grupperne. Her har brokkerne virkelig haft succes. Modstanden er hjulpet godt på vej ved, at så få aner, hvad det drejer sig om.
Et hurtigt kursus i gmo. Ideen er at tage et gen fra en organisme, der giver en given egenskab og overføre den til arvematerialet i en anden art. Metoden bruges i stort omfang alle andre steder end i Europa og foregår hver dag helt naturligt i naturen, og endnu er der ikke fundet skadevirkninger ved metoden.

Havde denne gruppe eksisteret for 5000 år siden ville vores landbrug, som vi kender det, ikke eksistere i dag. Vores kornsorter, er baseret på, at man fordoblede kromosomsættene i arterne, eller blander forskellige planters hele kromosomsæt. Hvede er for eksempel fremkommet ved at kombinere hele kromosomsæt fra tre forskellige primitive hvedetyper. Havde vores brokkevenner haft indflydelse den gang, havde det været småt med korndyrkning i dag.

Fornyerne

Fornyerne er den modsatte gruppe til brokkerne. De er altid på jagt efter nye og bedre metoder til at udføre opgaver. De er brokkernes bedste venner, uden dem ville der kun være vejret at brokke sig over, og det er jo lige som ikke noget.

Broer bliver bygget, nye veje, nye metoder i industrien alle steder er fornyerne i gang, og alle steder følges de af brokkerne, der også er karakteriseret ved aldrig selv at komme med forslag til noget nyt. Når så en ny vej, bro eller andet er etableret, træder brokkerne til som beskyttelse. Nu er det værdifuldt, hvad fornyerne har etableret, og vrede protester, læserbreve og demonstrationer bliver etableret, når fornyerne straks går i gang med at finde endnu bedre løsninger.

Således er der et godt og stabilt forhold mellem brokkerne og fornyerne.

75
Shorts II – Små historier om 2068

76
Shorts II – Små historier om 2068

www.ingramcontent.com/pod-product-compliance
Lightning Source LLC
Chambersburg PA
CBHW030453220526
45464CB00006B/2511